# Detectives de mate

# Miremos unas canicas

## Angela Royston

Heinemann Library
Chicago, Illinois

© 2006 Heinemann Library
a division of Reed Elsevier Inc.
Chicago, Illinois

Customer Service   888-454-2279

Visit our website at www.heinemannlibrary.com

Printed and bound in China by South China Printing Company Limited
Translation into Spanish produced by DoubleO Publishing Services
Photo research by Erica Newbery

10 09 08 07 06
10 9 8 7 6 5 4 3 2 1

**Library of Congress Cataloging-in-Publication Data**
Royston, Angela.
  [Glass. Spanish]
  Vidrio : miremos unas canicas / Angela Royston.
       p. cm. -- (Detectives de materiales)
  Includes index.
  ISBN 1-4034-7542-3 (hc. : library binding) -- ISBN 1-4034-7551-2 (pbk.)
 1.  Glass--Juvenile literature. 2.  Marbles (Game objects)--Juvenile
literature.  I. Title.  II. Series.
  TP857.3.R6918 2006
  620.1'44--dc22

                                          2005032165

**Acknowledgments**
The author and publishers are grateful to the following for permission to reproduce copyright material:
Myrleen Ferguson Cate/Photo Edit p. **5**; Tudor Photography/Harcourt Education pp. backcover (marble and ball), **4**, **6**, **7**, **8**, **9**, **10**, **11**, **12**, **13**, **14**, **15**, **16**, **17**, **18**, **19**, **20**, **21**, **22**, **23** (all), **24**.

Cover photograph of marbles reproduced with permission of Alamy.

Every effort has been made to contact copyright holders of any material reproduced in this book. Any omissions will be rectified in subsequent printings if notice is given to the publisher.

Many thanks to the teachers, library media specialists, reading instructors, and educational consultants who have helped develop the Read and Learn/Lee y aprende brand.

Algunas de las palabras aparecen en negrita, **como éstas**. Aparecen en el glosario en la página 23.

# Contenido

# ¿Qué son canicas?

Las canicas son un tipo de juguete.

Haces **rodar** una por el suelo.

Tus amigos tratan de chocar tu canica con la de ellos.

# ¿Son duras o blandas las canicas?

Las canicas son **duras**.

Hacen ruido cuando chocas una contra otra.

**vidrio** **porcelana** **papel**

**tela** **madera**

¿De qué crees que están hechas las canicas?

Las canicas están hechas de vidrio.

El vidrio viene en diferentes colores.

Se puede ver a través de algunas canicas.

Otras tienen piezas **duras** de colores en su interior.

# ¿Qué forma tienen las canicas?

Las canicas son redondas como una pelota.

Puedes hacerlas **rodar** por el piso.

¿Rodará mejor la canica por la alfombra o por el piso de madera?

La canica **rodará** más lejos sobre el piso de madera.

También rodará más rápido.

La alfombra es **á spera**.

Hace que la canica ruede más despacio.

# ¿Son ásperas o lisas las canicas?

Las canicas son lisas.

No puedes tocar ningún bulto sobre ellas.

mandarina

pelota de tenis

piedrita

canica

¿Cuál de estas cosas crees que será la más lisa?

La canica es la más lisa.

¡Es tan lisa que brilla!

La canica es lisa para que **ruede** mejor.

# ¿Son livianas o pesadas las canicas?

Una canica es más pequeña que una pelota de **ping-pong**.

¿Cuál es **más pesada**?

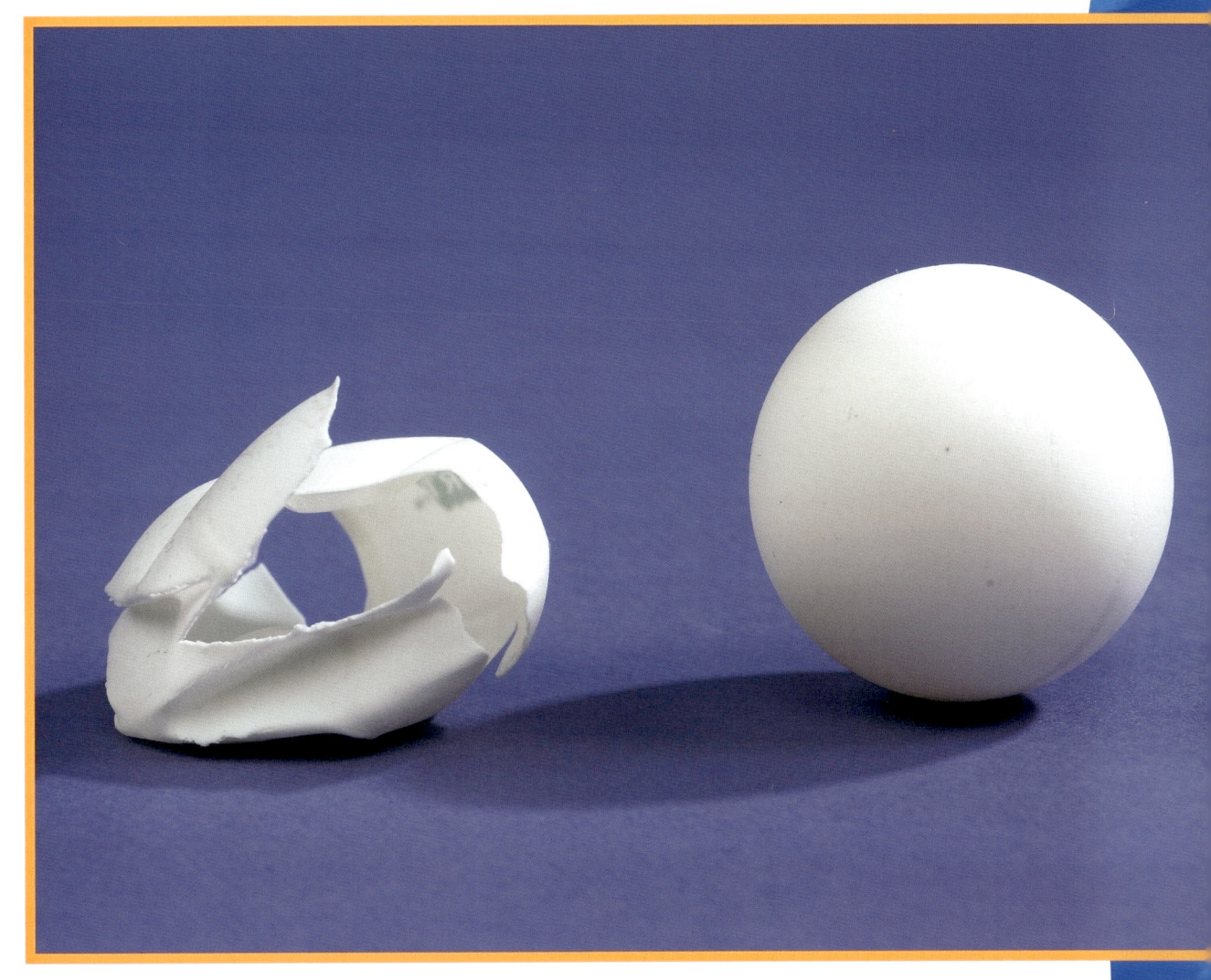

La canica es más pesada. Es **sólida**.

La pelota de ping-pong está llena de aire.

# ¿Cuánto duran las canicas?

Las canicas duran mucho tiempo.

No es fácil romper vidrio grueso.

Las canicas no se rompen cuando chocan unas con otras.

Las canicas son muy fuertes.

# Prueba breve

¿Cuál mantendrá su forma por más tiempo, la canica o la arcilla para modelar?

Busca la respuesta en la página 24.

canica

arcilla para modelar

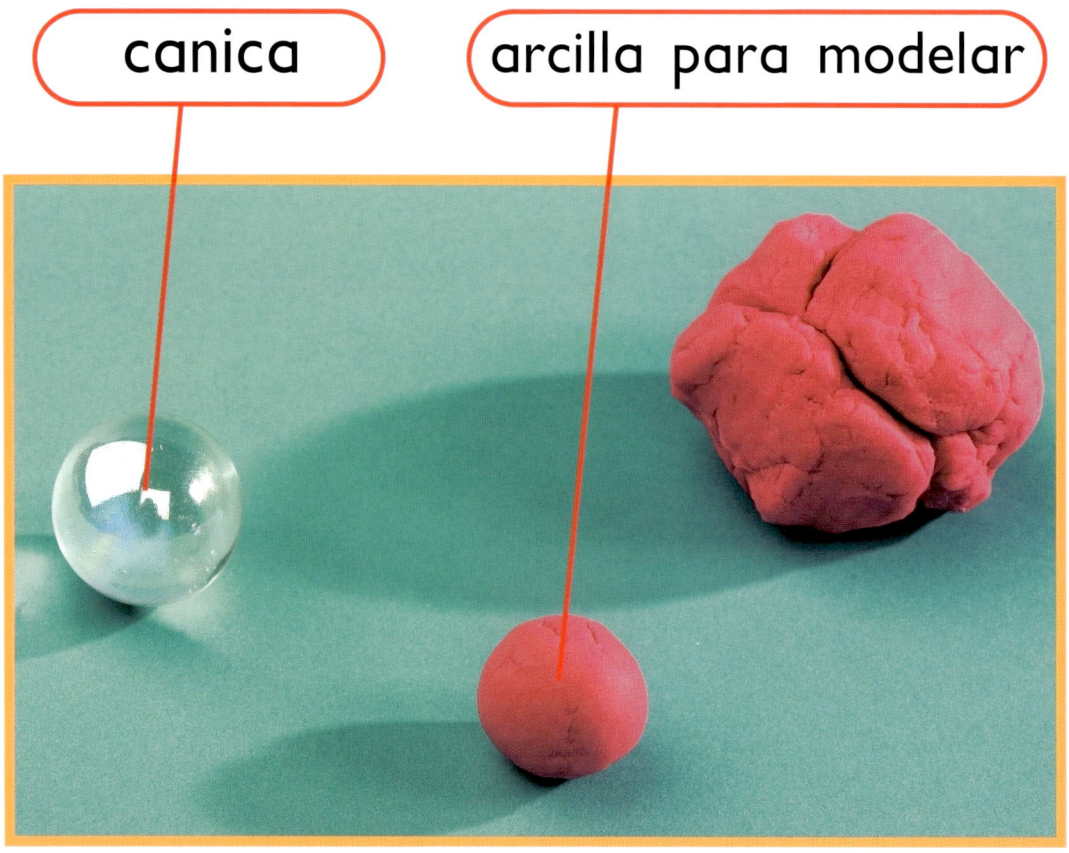

# Glosario

**duro**
no blando, no puedes aplastarlo

**más pesado**
que pesa más, es más difícil de levantar

**ping-pong**
tenis de mesa, jugado sobre una mesa con paletas y una pelota pequeña

**rodar**
moverse dando vueltas y vueltas

**áspero**
disparejo y desigual

# Índice

Respuesta a la prueba breve de la página 22

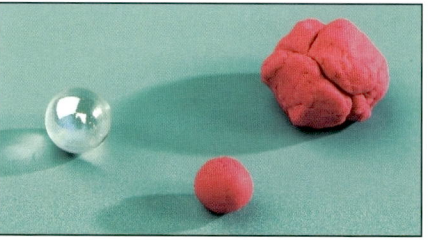

La canica mantendrá su forma por más tiempo. La arcilla de modelar es blanda y perderá su forma rápidamente.

**Nota a padres y maestros**

Leer para informarse es parte importante del desarrollo de la lectura en el niño. El aprendizaje comienza con una pregunta sobre algo. Ayuden a los niños a pensar que son investigadores y anímenlos a hacer preguntas sobre el mundo que los rodea. Cada capítulo en este libro comienza con una pregunta. Lean juntos la pregunta. Fíjense en las imágenes. Hablen sobre cuál piensan que puede ser la respuesta. Después lean el texto para averiguar si sus predicciones fueron correctas. Piensen en otras preguntas que podrían hacer sobre el tema y comenten dónde podrían buscar las respuestas. Ayuden a los niños a utilizar el glosario ilustrado y el índice para practicar un nuevo vocabulario y destrezas de investigación.